1949-2019

新中国气象事业70周年

七十载观云测雨
热血铸就北大仓

新中国气象事业70周年·黑龙江卷

黑龙江省气象局

气象出版社
China Meteorological Press

图书在版编目（CIP）数据

新中国气象事业70周年. 黑龙江卷 / 黑龙江省气象
局编著. —— 北京：气象出版社，2020.11
　ISBN 978-7-5029-7155-7

　Ⅰ. ①新… Ⅱ. ①黑… Ⅲ. ①气象 – 工作 – 黑龙江省
– 画册 Ⅳ. ①P468.2-64

中国版本图书馆CIP数据核字(2020)第123529号

新中国气象事业 70 周年·黑龙江卷
Xinzhongguo Qixiang Shiye Qishi Zhounian · Heilongjiang Juan

黑龙江省气象局　编著

出版发行：气象出版社

地　　址：北京市海淀区中关村南大街46号　　　邮政编码：100081

电　　话：010-68407112（总编室）　　010-68408042（发行部）

网　　址：http://www.qxcbs.com　　　　E－mail：qxcbs@cma.gov.cn

策　　划：周　露

责任编辑：邵　华　胡育峰　　　　　　终　　审：吴晓鹏

责任校对：张硕杰　　　　　　　　　　责任技编：赵相宁

装帧设计：新光洋（北京）文化传播有限公司

印　　刷：北京地大彩印有限公司

开　　本：889 mm × 1194 mm　1/16　　印　　张：12.25

字　　数：314 千字

版　　次：2020 年 11 月第 1 版　　　　印　　次：2020 年 11 月第 1 次印刷

定　　价：268.00 元

《新中国气象事业 70 周年 · 黑龙江卷》编委会

主　任：杨卫东　潘进军
副主任：高玉中　陈怀亮　那济海　赵黎明　方　翔
　　　　孙永罡　邓树民
委　员：王国贵　马旭清　许秀红　王　健　袁志东
　　　　孟　悦　任绍臣　宋英华　马金国　高宪双
　　　　袁长焕　王会山　徐东亮　赵秋红　涂　群
　　　　杨　翠

《新中国气象事业 70 周年 · 黑龙江卷》编撰组

组　长：袁长焕
副组长：兰博文
编　撰：矫玲玲　王羚翔　刘　晶　韩志鹏　于　淼
　　　　孙镆涵　张恒翀

总 序

1949 年 12 月 8 日是载入史册的重要日子。这一天，经中央批准，中央军委气象局正式成立，开启了新中国气象事业的伟大征程。

气象事业始终根植于党和国家发展大局，与国家发展同行共进、同频共振。伴随着国家发展的进程，气象事业从小到大、从弱到强、从落后到先进，走出了一条中国特色社会主义气象发展道路。新中国成立后，我们秉持人民利益至上这一根本宗旨，统筹做好国防和经济建设气象服务。在国家改革开放的大潮中，我们全面加速气象现代化建设，在促进国家经济社会发展和保障改善民生中实现气象事业的跨越式发展。党的十八大以来，我们坚持以习近平新时代中国特色社会主义思想为指导，坚持在贯彻落实党中央决策部署和服务保障国家重大战略中发展气象事业，开启了现代化气象强国建设的新征程。70 年气象事业的生动实践深刻诠释了国运昌则事业兴、事业兴则国家强。

气象事业始终在党中央、国务院的坚强领导和亲切关怀下，与伟大梦想同心同向、逐梦同行。党和国家始终把气象事业作为基础性公益性社会事业，纳入经济社会发展全局统筹部署、同步推进。毛泽东主席关于气象部门要把天气常常告诉老百姓的指示，成为气象工作贯穿始终的根本宗旨。邓小平同志强调气象工作对工农业生产很重要，江泽民同志指出气象现代化是国家现代化的重要标志，胡锦涛同志要求提高气象预测预报、防灾减灾、应对气候变化和开发利用气候资源能力，都为气象事业发展指明了方向，鼓舞着我们奋勇前行。习近平总书记特别指出，气象工作关系生命安全、生产发展、生活富裕、生态良好，要求气象工作者推动气象事业高质量发展，提高气象服务保障能力，为我们以更高的政治站位、更宽的国际视野、更强的使命担当实现更大发展，提供了根本遵循。

在党中央、国务院的坚强领导下，一代代气象人接续奋斗、奋力拼搏，气象事业发生了根本性变化，取得了举世瞩目的成就。

70 年来，我们紧紧围绕国家发展和人民需求，坚持趋利避害并举，建成了世界上保障领域最广、机制最健全、效益最突出的气象服务体系。

面向防灾减灾救灾，我们努力做到了重大灾害性天气不漏报，成功应对了超强台风、特大洪水、低温雨雪冰冻、严重干旱等重大气象灾害，为各级党委政府防灾减灾部署和人民群众避灾赢得了先机。我们建成了多部门共享共用的国家突发事件预警信息发布系统，努力做到重点灾害预警不留盲区，预警信息可在 10 分钟内覆盖 86% 的老百姓，有效解决了"最后一公里"问题，充分发挥了气象防灾减灾第一道防线作用。

面向生态文明建设，我们构建了覆盖多领域的生态文明气象保障服务体系，打造了人工影响天气、气候资源开发利用、气候可行性论证、气候标志认证、卫星遥感应用、大气污染防治保障等服务品牌，开展了三江源、祁连山等重点生态功能区空中云水资源开发利用，完成了国家和区域气候变化评估，组织了四次全国风能资源普查，探索建设了国家气象公园，建立了世界上规模最大的现代化人工影响天气作业体系，人工增雨（雪）覆盖500万平方公里，防雹保护达50多万平方公里，有力推动了生态修复、环境改善，气象已经成为美丽中国的参与者、守护者、贡献者。

面向经济社会发展，我们主动服务和融入乡村振兴、"一带一路"、军民融合、区域协调发展等国家重大战略，主动服务和融入现代化经济体系建设，大力加强了农业、海洋、交通、自然资源、旅游、能源、健康、金融、保险等领域气象服务，成功保障了新中国成立70周年、北京奥运会等重大活动和南水北调、载人航天等重大工程，积极引导了社会资本和社会力量参与气象服务，服务领域已经拓展到上百个行业、覆盖到亿万用户，投入产出比达到1：50，气象服务的经济社会效益显著提升。

面向人民美好生活，我们围绕人民群众衣食住行健康等多元化服务需求，创新气象服务业态和模式，大力发展智慧气象服务，打造"中国天气"服务品牌，气象服务的及时性、准确性大幅提高。气象影视服务覆盖人群超过10亿，"两微一端"气象新媒体服务覆盖人群超6.9亿，中国天气网日浏览量突破1亿人次，全国气象科普教育基地超过350家，气象服务公众覆盖率突破90%，公众满意度保持在85分以上，人民群众对气象服务的获得感显著增强。

70年来，我们始终坚持气象现代化建设不动摇，建成了世界上规模最大、覆盖最全的综合气象观测系统和先进的气象信息系统，建成了无缝隙智能化的气象预报预测系统。

综合气象观测系统达到世界先进水平。气象观测系统从以地面人工观测为主发展到"天—地—空"一体化自动化综合观测。现有地面气象观测站7万多个，全国乡镇覆盖率达到99.6%，数据传输时效从1小时提升到1分钟。建成了216部雷达组成的新一代天气雷达网，数据传输时效从8分钟提升到50秒。成功发射了17颗风云系列气象卫星，7颗在轨运行，为全球100多个国家和地区、国内2500多个用户提供服务，风云二号H星成为气象服务"一带一路"的主力卫星。建立了生态、环境、农业、海洋、交通、旅游等专业气象监测网，形成了全球最大的综合气象观测网。

气象信息化水平显著增强。物联网、大数据、人工智能等新技术得到深入应用，形成了"云＋端"的气象信息技术新架构。建成了高速气象网络、海量气象数据库和国产超级计算机系统，每日新增的气象数据量是新中国成立初期的 100 多万倍。新建设的"天镜"系统实现了全业务、全流程、全要素的综合监控。气象数据率先向国内外全面开放共享，中国气象数据网累计用户突破 30 万，海外注册用户遍布 70 多个国家，累计访问量超过 5.1 亿人次。

气象预报业务能力大幅提升。从手工绘制天气图发展到自主创新数值天气预报，从站点预报发展到精细化智能网格预报，从传统单一天气预报发展到面向多领域的影响预报和风险预警，气象预报预测的准确率、提前量、精细化和智能化水平显著提高。全国暴雨预警准确率达到 88%，强对流预警时间提前至 38 分钟，可提前 3 ～ 4 天对台风路径做出较为准确的预报，达到世界先进水平。2017 年中国气象局成为世界气象中心，标志着我国气象现代化整体水平迈入世界先进行列！

70 年来，我们紧跟国家科技发展步伐和世界气象科技发展趋势，大力加强气象科技创新和人才队伍建设，我国气象科技创新由以跟踪为主转向跟跑并跑并存的新阶段。

建立了较为完善的国家气象科技创新体系。我们不断优化气象科技创新功能布局，形成了气象部门科研机构、各级业务单位和国家科研院所、高等院校、军队等跨行业科研力量构成的气象科技创新体系。强化气象科技与业务服务深度融合，大力发展研究型业务。加快核心关键技术攻关，雷达、卫星、数值预报等技术取得重大突破，有力支撑了气象现代化发展。坚持气象科技创新和体制机制创新"双轮驱动"，形成了更具活力的气象科技管理制度和创新环境。气象科技成果获国家自然科学奖 26 项，获国家科技进步奖 67 项。

科技人才队伍建设取得丰硕成果。我们大力实施人才优先战略，加强科技创新团队建设。全国气象领域两院院士 35 人，气象部门入选"千人计划""万人计划"等国家人才工程 25 人。气象科学家叶笃正、秦大河、曾庆存先后获得国际气象领域最高奖，叶笃正获国家最高科学技术奖。一系列科技创新成果和一大批科技人才有力支撑了气象现代化建设。

70 年来，我们坚持并完善气象体制机制、不断深化改革开放和管理创新，气象事业从封闭走向开放、从传统走向现代、从部门走向社会、从国内走向全球。

领导管理体制不断巩固完善。坚持并不断完善双重领导、以部门为主的领导管理体制和双重计划财务体制，遵循了气象科学发展的内在规律，实现了气象现代化全国统一规划、统一布局、统一建设、统一管理，形成了中央和地方共同推进气象事业发展、共同建设气象现代化的格局，满足了国家和地方经济社会发展对气象服务的多样化需求。

各项改革不断深化。坚持发展与改革有机结合，协同推进"放管服"改革和气象行政审批制度改革，全面完成国务院防雷减灾体制改革任务，深入推进气象服务体制、业务科技体制、管理体制等改革，初步建立了与国家治理体系和治理能力现代化相适应的业务管理体系和制度体系，为气象事业高质量发展注入强大动力。

开放合作力度不断加大。与近百家单位开展务实合作，形成了省部合作、部门合作、局校合作、局企合作的全方位、宽领域、深层次国内开放合作格局。先后与160多个国家和地区开展了气象科技合作交流，深度参与"一带一路"建设，为广大发展中国家提供气象科技援助，100多位中国专家在世界气象组织、政府间气候变化专门委员会等国际组织中任职，气象全球影响力和话语权显著提升，我国已成为世界气象事业的深度参与者、积极贡献者，为全球应对气候变化和自然灾害防御不断贡献中国智慧和中国方案。

气象法治体系不断健全。建立了《气象法》为龙头，行政法规、部门规章、地方法规组成的气象法律法规制度体系，形成了由国家、地方、行业和团体等各类标准组成的气象标准体系，气象事业进入法治化发展轨道。

70年来，我们始终坚持党对气象事业的全面领导，以政治建设为统领，全面加强党的建设，在拼搏奉献中践行初心使命，为气象事业高质量发展提供坚强保证。

70年来，气象事业发展历程中人才辈出、精神璀璨，有夙夜为公、舍我其谁的开创者和领导者，有精益求精、勇攀高峰的科学家，有奋楫争先、勇挑重担的先进模范，有甘于清苦、默默奉献的广大基层职工。一代代气象人以服务国家、服务人民的深厚情怀，谱写了气象事业跨越式发展的壮丽篇章；一代代气象人推动着气象事业的长河奔腾向前，唱响了砥砺奋进的动人赞歌；一代代气象人凝练出"准确、及时、创新、奉献"的气象精神，激发起干事创业的担当魄力！

70年的发展实践，我们深刻地认识到，**坚持党的全面领导是气象事业的根本保证**。70年来，在党的领导下，气象事业紧贴国家、时代和人民的要求，实现健康持续发展。我们坚持以习近平新时代中国特色社会主义思想为指导，增强"四个意识"，坚定"四个自信"，做到"两个维护"，把党的领导贯穿和体现到气象事业改革发展各方面各环节，确保气象改革发展和现代化建设始终沿着正确的方向前行。**坚持以人民为中心的发展思想是气象事业的根本宗旨**。70年来，我们把满足人民生产生活需求作为根本任务，把保护人民生命财产安全放在首位，把老百姓的安危冷暖记在心上，把为人民服务的宗旨落实到积极推进气象服务供给侧结构性改革等各方面工作，促进气象在公共服务领域不断做出新的贡献。**坚持气象现代化建设不动摇是气象事业的兴业之路**。70年来，我们坚定不移加强和推进气象现代化建设，以现代化引领和推动气象事业发展。我们按照新时代中国特色社会主义事业的战略安排，谋划推进现代化气象强国建设，确保气象现代化同党和国家的发展要求相适应、同气象事业发展目标相契合。**坚持科技创新驱动和人才优先发展是气象事业的根本动力**。70年来，我们大力实施科技创新战略，着力建设高素质专业化干部人才队伍，集中攻关制约气象事业发展的核心关键技术难题，促进了气象科技实力和业务水平的不断提升。**坚持深化改革扩大开放是气象事业的活力源泉**。70年来，我们紧跟国家步伐，全面深化气象改革开放，认识不断深化、力度不断加大、领域不断拓展、成效不断显现，推动气象事业在不断深化改革中披荆斩棘、破浪前行。

铭记历史，继往开来。《新中国气象事业70周年》系列画册选录了70年来全国各级气象部门最具有历史意义的图片，生动全面地记录了气象事业的发展足迹和突出贡献。通过系列画册，面向社会充分展示了气象事业70年来的生动实践、显著成就和宝贵经验；展现了气象事业对中国社会经济发展、人民福祉安康提供的强有力保障、支撑；树立了"气象为民"形象，扩大中国气象的认知度、影响力和公信力；同时积累和典藏气象历史、弘扬气象人精神，能够推动气象文化建设，凝聚共识，汇聚推进气象事业改革发展力量。

在新的长征路上，气象工作责任更加重大、使命更加光荣，我们将以习近平新时代中国特色社会主义思想为指导，不忘初心、牢记使命，发扬优良传统，加快科技创新，做到监测精密、预报精准、服务精细，推动气象事业高质量发展，提高气象服务保障能力，发挥气象防灾减灾第一道防线作用，以永不懈怠的精神状态和一往无前的奋斗姿态，为决胜全面建成小康社会、建设社会主义现代化国家做出新的更大贡献！

中国气象局党组书记、局长：刘雅鸣

2019年12月

前 言

　　"问天"贯穿上下五千年，华夏文明倡导以"天人合一"来适应气候与气候变化，促进人类可持续发展。

　　从寒暑亭到百叶箱、从人工观测到自动监测、从地面仪器到卫星雷达，让我们对大气运动不断有新的认知；从等温线到天气图、从数值模式到集合预报、从天气预报到气候预测、灾害预警、风险预估，我们的气象灾害防御能力有了显著提升。

　　"北大荒，天苍苍，地茫茫，一片衰草枯苇塘"是黑龙江过去的写照。新中国成立后国家开发建设北大荒，气象人"跨越原始森林、扎根湿地荒原、突破高寒禁区"，迅速在大、小兴安岭、松嫩平原、三江腹地的乡镇、农场、林场建设了数百个气象站；神州北极漠河有了气象站，陆地东极抚远安装了新一代天气雷达，小兴安岭腹地五营成为全国首批国家气候观象台，林海雪原张广才岭建成龙凤山区域大气本底站，农垦之都佳木斯布设了气象卫星地面站。全省建成了立体化、全覆盖，种类齐全、功能完善的气象现代化监测网络。

　　数十年来，我们秉承"服务为先、发展至上、超越自我、实现跨越"的理念，围绕"大农业、大森林、大湿地、大冰雪、大产业"这个中心，服务"国家粮仓""大美龙江""龙江丝路带""中蒙俄经济走廊"这个大局，在保障"青山绿水""冰天雪地"转化为"金山银山"上下大功夫、做足文章，构建了生态气象新格局，公众气象服务满意度连续 11 年在全国名列前茅，为促进黑龙江经济社会发展与保障民生做出了重要贡献。

黑龙江气象事业的发展离不开扎根边疆、敬业爱岗、勇于奋斗的气象人。在东北抗联精神、北大荒精神、大庆精神、铁人精神鼓舞下，涌现出扎根北极村 34 年的全国劳动模范周儒锵等突出先进典型，激励一代代龙江气象人"根植北国、观天为民、勤奋执着、创新创业"。在开放合作的工作理念、开拓创新的工作作风、开明包容的思想品格、开心活泼的工作氛围下，不断营造出风清气正的政治生态和风生水起的创新生态。

　　时光荏苒，岁月变迁。转眼七十载寒暑，我们与新中国共同成长。回顾历史是为了更好地展望未来，我们将深入学习贯彻习近平总书记针对新中国气象事业 70 周年作出的重要指示精神，以"监测精密、预报精准、服务精细"战略导向来落实各项工作标准，以保障"生命安全、生产发展、生活富裕、生态良好"战略定位为己任完善服务指南，建设"总体先进不落后、部分求强有特色"的龙江气象现代化，坚持融合气象发展机制，推进龙江气象事业高质量发展，奋力谱写气象强国龙江篇章。以智慧气象构筑"气象防灾减灾第一道防线"，在服务保障黑龙江"五大安全""六个强省"发展战略的征程中，共同携手，扬帆起航，奉献青春，贡献力量！

黑龙江省气象局党组书记、局长：潘进军

2020 年 5 月

开放合作的工作理念

开拓创新的工作作风

开明包容的思想品格

开心活泼的工作氛围

总体先进不落后
部分求强有特色

目 录

亲切关怀篇

　　黑龙江气象事业与中华人民共和国同龄，黑龙江省委、省政府始终是黑龙江气象事业建设与发展的坚强后盾，中国气象局高度重视北大荒等边疆省份气象现代化建设和人才培养。在合作共建中，寒地黑土迎来了一次次的发展机遇，并逐步形成了龙江风格气象事业发展的新格局。2006 年以来，省政府先后印发《黑龙江省人民政府关于加快气象事业发展的意见》（黑政发〔2006〕65 号）和《黑龙江省人民政府关于加快推进气象现代化建设的意见》（黑政发〔2014〕31 号）等 9 个文件支持气象事业发展。2011 年 10 月 31 日，省政府与中国气象局签署省部合作协议，2012 年、2015 年两次召开联席会议，共同推进黑龙江气象防灾减灾体系与气象现代化建设。

◀ 2010 年，黑龙江省委书记吉炳轩批示，要求"高度重视气象预报，特别是灾害天气的预报。各地各部门都要有强烈的气象意识，相信科学，依靠科学，提高减灾抗灾的能力"

▲ 2011 年 10 月，黑龙江省省长王宪魁（右）会见中国气象局局长郑国光（左）

▲ 2017年6月28日，黑龙江省委书记张庆伟（左三）到省气象台调研。张庆伟指出：
"气象部门始终是一个作风优良、技术精湛、为公众提供服务的部门。严谨科
学、工作扎实、职业和专业水平高，在各行业中表现突出，在全省经济社会发
展、防灾减灾救灾中发挥着重要作用。"省气象局党组书记、局长杨卫东（右二）
陪同调研

▲ 2018年9月1日，黑龙江省委书记张庆伟（前排左二）到佳木斯气象卫星
地面站调研

▲ 2019 年 1 月，黑龙江省省长王文涛（右）会见中国气象局局长刘雅鸣（左）

1
2
3

1. 1998 年 8 月，中国气象局名誉局长邹竞蒙（左三）在齐齐哈尔一线指导特大洪水抗洪抢险工作

2. 2002 年，中国气象局局长秦大河（左一）到佳木斯农业气象试验站考察为农气象服务

3. 2012 年，中国气象局原局长温克刚（右一）视察五营森林生态气象站

▲ 2015 年，中国气象局局长郑国光（右二）在黑龙江省气象台调研业务建设

▲ 2019 年 1 月，中国气象局局长刘雅鸣（前排左三）到黑龙江省人工影响天气中心调研气象防灾减灾情况

防灾减灾篇

　　"水淹一条线，火烧一大片。"黑龙江是气象灾害多发省份，高于全国平均水平 20％ 以上。干旱、暴雨洪涝、低温与霜冻、大风、冰雹、暴雪以及森林火灾、凌汛、沙尘暴等气象灾害及次生、衍生灾害频发，"大灾面前无大难"是我们心中的信念与准则，气象部门始终秉承"防灾为先、服务至上"的理念，充分发挥灾害预警"消息树"与应急指挥"哨兵"的作用，积极开展生态修复式人工影响天气作业，力争将灾害损失降到最低。

大水

　　1998 年特大洪水使嫩江、松花江接连告急、肇源溃堤，2013 年大水使黑龙江、松花江两面夹击、全面超警，气象部门自动监测站点上堤、气象服务小分队上堤、宣传报道队伍上堤，跨省域会商、跨地市支援，气象应急预警的"消息树"成了领导决策的"指挥棒"，共同谱写了一幅幅气象战洪图。

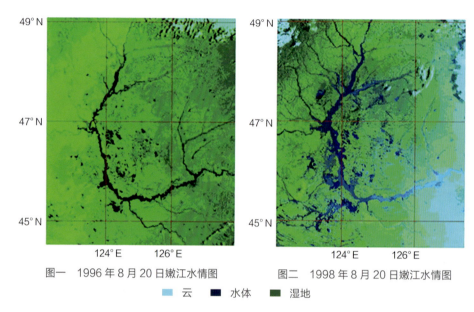

图一　1996 年 8 月 20 日嫩江水情图　　　　图二　1998 年 8 月 20 日嫩江水情图

　　云　　　水体　　　湿地

▲　1998 年特大洪水期间与 1996 年同期的卫星监测对比图

▲　1998 年 8 月 19 日，中国气象局名誉局长邹竞蒙（左三）在齐齐哈尔市气象局指导特大洪水抗洪抢险气象服务工作

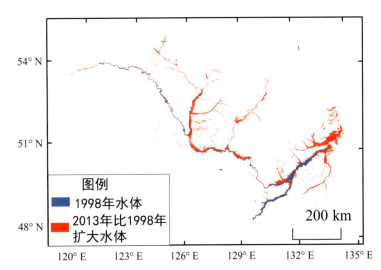

▶ 1998 年 8 月与 2013 年同期黑龙江段水体面积对比

▶ 1998 年 8 月，松花江、嫩江流域发生特大洪水，黑龙江省气象局领导在省气象台参加天气会商，指挥防汛抗洪气象服务工作

▶ 2013 年，中国气象局副局长许小峰（中）到黑龙江省气象台检查汛期气象服务

　　面对 2013 年黑龙江、松花江严峻的防汛形势，黑龙江省各级气象部门将自动气象站建在了防洪大堤之上，时时监测天气，为省委、省政府科学指挥与调度提供第一手的气象监测数据和天气预报预警服务。

1
2
3

1. 哈尔滨市巴彦县气象应急服务小分队在松花江堤上测风速风向

2. 佳木斯市气象局工作人员在同江大坝上安装自动气象站

3. 伊春市嘉荫县气象局工作人员测试黑龙江大坝移动气象站对比数据

▶ 畜牧渔业服务

1
---
2 | 3

1. 大庆市杜蒙县气象局开展草原生态修复人工增雨作业

2. 佳木斯市抚远市气象局工作人员开展黑龙江水域大马哈鱼洄游水温观测

3. 齐齐哈尔市富裕县气象局开展奶牛养殖气象服务

开发冰雪旅游

黑龙江省是冰雪的故乡，冰雪旅游资源得天独厚。哈尔滨市为世界冰雪文化之都，林海雪原（张广才岭）是世界级冰雪竞技旅游带。2009 年第 24 届世界大学生冬季运动会上，黑龙江省在全国开创冰雪运动气象服务保障之先河。冰雪大世界、镜泊湖冬捕、漠河江上冰雪拉力赛离不开气象人的身影，"以雪为令"清冰雪、"燃煤指数"供暖节能等气象服务独具龙江特色，切实将习近平总书记"绿水青山是金山银山，冰天雪地也是金山银山"的指示精神落到实处。

▶ 2009 年第 24 届世界大学生冬季运动会气象服务

2009 年哈尔滨举办第 24 届世界大学生冬季运动会（以下简称大冬会），气象部门积极参与申办工作，编制中英文服务手册，在哈尔滨市各体育场馆及亚布力、帽儿山滑雪场建设自动气象站，并派出服务小分队提供现场保障，举全省气象部门之力服务国际重大冰雪赛事。

▲ 黑龙江省气象工作人员在大冬会亚布力赛区雪上项目赛场野外安装自动气象站

▲ 大冬会冰上气象服务小分队

| 1 | 2 |
| 3 | 4 |

1. 大冬会气象服务天气会商

2. 大冬会亚布力滑雪项目赛前天气预报通气会

3. 大冬会上，黑龙江省气象服务中心工作人员采访运动员

4. 2009年，中纪委驻中国气象局纪检组组长孙先健（前排左三）指导大冬会气象服务保障工作

▶ 冰雪服务

	1	2
	3	

1. 大兴安岭地区气象工作人员为白令海两极冰雪挑战赛（呼玛段）提供气象服务保障

2. 大兴安岭地区漠河市气象局为冰雪汽车挑战赛提供气象服务

3. 牡丹江市气象局为镜泊湖冬捕节提供气象服务

▶ 冰雪监测

▲ 大兴安岭地区漠河市气象局工作人员在石林景区安装自动气象站
监测极寒天气

▲ 哈尔滨市尚志市亚布力冰雪气象站外景

▲ 北方城市的大型清雪车

▶ 旅游服务

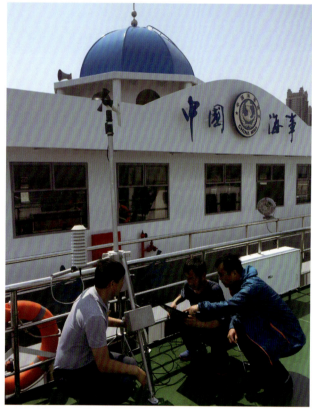

1	2
3	4

1. 鹤岗市气象局为首届中国国际界江旅游节提供气象服务

2. 牡丹江市绥芬河市气象局为中国国际口岸贸易博览会提供气象服务

3. 哈尔滨市气象局为中国赛艇公开赛提供气象服务

4. 绥化市气象局为大型运动会提供气象服务

应对气候变化

黑龙江省是全球变暖的受益者，1961—2019 年平均气温升高了约 2.0 ℃，高于北半球和全国平均水平。气象部门积极开展"松花江流域气候变化影响综合评估""东北地区精细化农业气候生产潜力评估及气候变化影响研究"，利用积温增加、霜期缩短、六条积温带北移东扩的历史机遇，如何将气象资源转化为产业优势成为服务政府决策的重中之重。

1	2
3	

1. 2008 年 7 月 25 日，中国气象局局长郑国光（右）在黑龙江省副省长于莎燕（左）主持下为省直机关干部做气候变化报告

2. 2010 年 4 月 20 日，黑龙江省气象局局长杨卫东在省直机关"关注气候变化"报告会上做报告

3. 黑龙江省气候中心业务平台界面

▶ 气候可行性论证

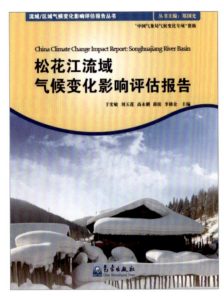  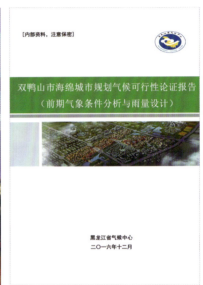

1	2	3
4	5	

1. 2011 年,《松花江流域气候变化影响评估报告》正式出版

2. 2013 年,哈尔滨市气象局为哈尔滨卷烟厂异地搬迁提供气象灾害风险评估

3. 2016 年,黑龙江省气候中心为双鸭山市提供海绵城市规划气候可行性论证报告

4. 2016 年,黑龙江省气候中心完成亚布力、鹤岗、绥化、饶河民用机场选址的气候可行性论证报告

5. 2017 年,黑龙江省气候中心为大庆市提供暴雨强度公式编制及设计暴雨雨型确定论证报告

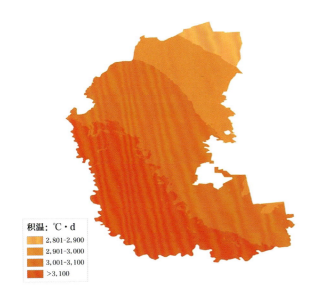

▲ 1999年，首次使用地理信息数据完成的全省
精细化农业气候区划（以大庆市为例）

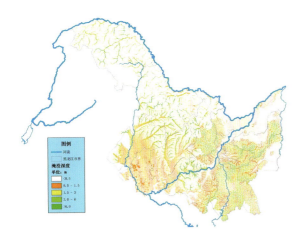

▲ 2018年，首次完成的黑龙江省中小河流百年一
遇淹没深度灾害风险区划

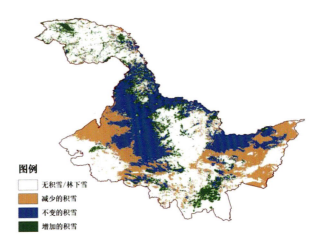

▲ 黑龙江省2019年1月与2018年同期积雪覆盖对比

气象资源开发

黑龙江省地处东北，为全国风能资源最为丰富的 5 个省份之一。三江平原、松花江谷地、松嫩平原以及东南部丘陵山地的风能资源储备较为丰富。气象部门先后在松花江沿岸河谷地带建设 23 个测风塔开展风能资源普查，为风电场建设提供气候可行性论证。

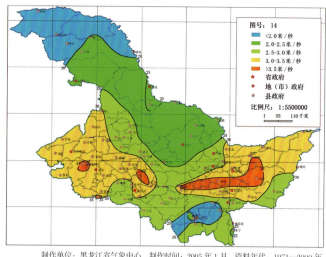

制作单位：黑龙江省气象中心　制作时间：2005 年 1 月　资料年代：1971—2000 年

▲ 黑龙江省 30 年（1971—2000 年）平均风速分布图
（2006 年完成了黑龙江省风能资源普查）

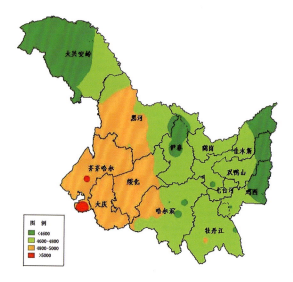

▲ 2009 年黑龙江省太阳能资源空间分布图

▶ 2006 年，气象部门开展
松花江沿岸风力资源普查

▶ 双鸭山市饶河大顶子山
风电场

推动产业振兴

　　哈尔滨市、齐齐哈尔市是全国重要的老工业基地，旅游名城牡丹江、农垦之都佳木斯、大庆油田享誉全国，鸡西、鹤岗、双鸭山、七台河四大煤矿，伊春、大兴安岭两大黑龙江省森林工业集团，气象部门紧密围绕环境、交通、能源、安全等诸多涉及国计民生领域开展气象服务，为东北振兴、黑龙江沿边开发开放以及对俄合作贡献力量。

▶ 环境气象服务

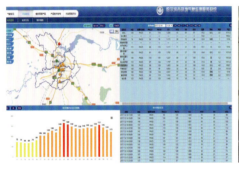

▲ 哈尔滨市气象台与市环境监测中心站联合研发的哈尔滨市环境气象监测服务系统投入业务运行

▲ 黑龙江省气象局与省环保厅可视化会商系统开通仪式暨重污染天气联席会议

▲ 双鸭山市气象、环保部门联合开展空气质量监测

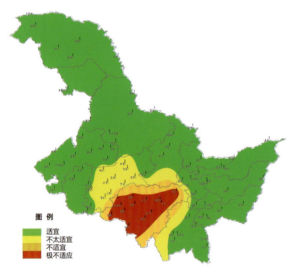

▲ 2018 年 3 月 25 日未来 12—24 小时秸秆焚烧指数分布图

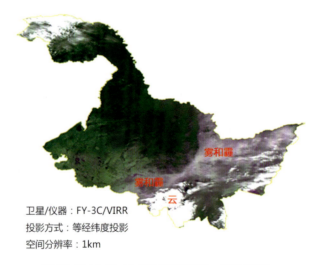

▲ 2017 年 10 月 19 日卫星遥感雾、霾监测图

▶ 交通气象服务

黑龙江省高速公路交通气象服务平台

黑龙江省气

哈尔滨铁路局管区内四十八小时天气预报
2019年01月09日07时发布

黑龙江省气象台2019年1月9日05时发布9日白天至1
0日夜间全省天气预报：

9日白天到夜间，大兴安岭北部多云有阵雪，其它地区晴有时
多云。

10日白天到夜间，全省晴有时多云。

9日白天最高气温：大兴安岭北部、伊春-(12-14)℃
，大兴安岭南部、黑河、绥化-(9-11)℃，其它地区-
(6-8)℃。

9日夜间最低气温：大兴安岭北部-(32-34)℃，大兴
安岭南部、伊春-(24-26)℃，绥化北部-(18-2
0)℃，大庆、哈尔滨、双鸭山、七台河、鸡西、牡丹江-(
14-16)℃，其它地区-(16-18)℃。

城市	时段	天气	风		气温		
			风向	风速	最高	最低	平均
哈尔滨	今白	晴	西南风	3-4级	-6	-15	-9.5
	今夜	晴	偏西风	2-3级			
哈尔滨	明白	多云	偏西风	2-3级	-5	-19	-11
	明夜	晴	西南风	2-3级			
绥化	今白	晴	西南风	2-3级	-8	-15	-10.5
	今夜	晴	偏西风	2-3级			
绥化	明白	晴	偏西风	2-3级	-9	-18	-12.5
	明夜	晴	东南风	2-3级			
大庆	今白	晴	东北风	2-3级	-4	-13	-7.8
	今夜	晴	西北风	2-3级			
大庆	明白	晴	西北风	2-3级	-6	-16	-10
	明夜	多云	偏西风	2-3级			
齐齐哈尔	今白	晴	偏东风	2-3级	-4	-17	-10
	今夜	晴	西北风	2-3级			
齐齐哈尔	明白	晴	西北风	2-3级	-8	-18	-12
	明夜	多云	东北风	2-3级			
牡丹江	今白	晴	偏西风	4-5级	-5	-16	-9.5

1	2
3	4

1. 2010年，佳木斯市抚远县气象局与当地海事处签订合作协议

2. 黑龙江省高速公路交通气象服务平台

3. 2016年，哈尔滨市气象局与当地海事局签署合作协议

4. 黑龙江省气象台发布哈尔滨市铁路局管区交通天气预报

1	2
3	

1. 2006 年 8 月 2 日，齐齐哈尔市甘南县气象局为"村村通"工程建设提供现场气象服务

2. 2016 年，牡丹江市气象局工作人员为牡丹江海浪机场建设坚守野外观测

3. 组图：2017 年，双鸭山市气象局为牡佳高铁七星峰隧道建设提供气象条件分析，并建设自动气象站

▶ 能源气象服务

1	2
	3

1. 2005年5月，黑龙江省气象局局长刘万军（前排左二）调研大庆油田气象服务保障工作

2. 2006年，大庆市油田生产作业区气象服务保障现场

3. 2015年，鹤岗市气象局为煤矿瓦斯爆炸提供现场气象监测服务

▶ 安全气象服务

1	2
3	
4	

1. 2004 年 8 月，哈尔滨市气象局到磨盘山水库开展城市水源地建设服务保障

2. 2006 年，齐齐哈尔市甘南县气象局为音河水库提供现场气象服务

3. 2018 年，黑龙江省气象局与铁塔公司就通信气象服务达成合作意向

4. 2018 年，哈尔滨市供水集团向市气象局赠送锦旗

融入公众媒体

　　黑龙江省在巩固电视、广播、报纸等传统媒体气象信息发布渠道的同时，积极开发微信、微博、APP 等新媒体、自媒体渠道，通过融媒体发展打通信息发布与应急预警的"最后一公里"。黑龙江气象微博、哈尔滨气象微博同时荣获黑龙江十大政务机构微博。

▶ **社会媒体**

	1
3	2

1. 黑龙江卫视金牌节目——《于硕说天气》

2. 黑龙江交通广播气象与路况信息广受司机们的欢迎

3. 气象专家（左二）做客黑龙江乡村广播分析农时农事

▶ **传统媒体**

1. 黑龙江省气象服务中心在扎龙湿地拍摄丹顶鹤专题片

2. 伊春市气象影视中心制作间

3. "12121" 信息咨询服务

4. 哈尔滨市交通显示屏发布气象预警信息

5. 智能气象灾害预警电话终端

1	2
	4
3	5

▶ 气象发布

1	2
3	4

1. 2009 年 7 月 1 日，第三届黑龙江省电视气象节目评比暨研讨会现场

2. 2013 年 9 月 25 日，黑龙江省气象局局长杨卫东（右）接受新华社采访

3. 2016 年 8 月 5 日，黑龙江气象微博与哈尔滨气象微博双双荣获黑龙江十大政务机构微博

4. 2018 年 7 月 18 日，黑龙江省气象局局长杨卫东（左二）代表省政府召开重大气象信息新闻发布会

▶ 新媒体

▲　黑龙江气象服务 APP

▲　哈尔滨气象微博

▲　伊春气象信息网

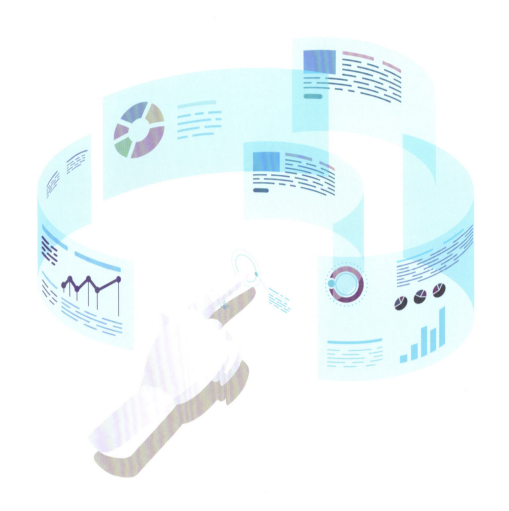

台站变迁篇

　　黑龙江省自古蛮荒，国家开发建设北大荒后，一大油田（大庆）、两大平原（松嫩、三江）、两大林区（大兴安岭、伊春）、四大煤矿（鸡西、鹤岗、双鸭山、七台河）的城市乡村（农场、林场）迅速建立起200余个气象台站，覆盖神州北极——漠河，乌苏里江口（大陆东端）——抚远，大、小兴安岭腹地——呼中和五营（国家气候观象台），为全国气象站网最为密集，管理农垦、森工等行业台站最多的省份之一。

历史溯源

　　1898 年 5 月 8 日，沙俄在哈尔滨市建立气象测候所，6 月 9 日开展观测，哈尔滨市成为全国最早开展气象业务的城市之一。1949 年 1—9 月，解放军东北军区接收哈尔滨、齐齐哈尔、牡丹江、佳木斯、嫩江、鸡西、克山 7 个气象台站，气象监测逐渐恢复。

▶ **哈尔滨**

1. 1898 年 5 月 8 日，沙俄在哈尔滨建立气象测候所

2. 1998 年，新的哈尔滨市气象局组建成立

3. 2018 年，哈尔滨市气象灾害监测预警基地外景

4. 沙俄时期的齐齐哈尔测候所

5. 东北沦陷时期日本关东厅建设的齐齐哈尔观象所外景

6. 20 世纪 80 年代的齐齐哈尔市气象局职工合影

▶ 齐齐哈尔

7. 改革开放前期的齐齐哈尔市气象局外景

8. 2019 年的齐齐哈尔市气象局外景

▲ 齐齐哈尔国家基本气象站中国百年气象站认定证书

▶ 漠河

1	2
3	4

1. 1957 年 4 月，在神州北极的大兴安岭漠河建立的漠河气象站（1997 年改为北极村气象站）

2. 1997 年，漠河县气象局在漠河县政府所在地西林吉镇新建漠河气象站，与北极村气象站并行观测

3. 2013 年，北极村气象站全景

4. 2013 年，中国气象局副局长于新文（左）到漠河县气象局慰问坚守一线的气象职工

▶ 抚远

▲ 1968 年抚远观测站　　　　　▲ 2014 年抚远县气象局　　　　　▲ 2018 年抚远雷达站

▲ 2002 年，中国气象局局长秦大河（左一）视察抚远县气象局

▲ 2018 年，中国气象局副局长宇如聪（中排右三）陪同全国政协考察团到抚远市气象局调研

▲ 2018 年，抚远市环保局、气象局与乌苏镇东胜村共办迎新联欢会

观测站的变迁

新中国成立初期，国家开发建设北大荒，先后在大庆油田、松嫩平原和三江平原、大、小兴安岭林区，四大煤矿建设大量气象台站，黑龙江省气象事业迅速壮大，成为全国气象监测站网最为密集的省份之一。

▲ 新中国成立前齐齐哈尔市富拉尔基区测候所　　▲ 新中国成立前绥化市海伦县测候所

▼ 2019 年鸡西市气象观测场　　▼ 20 世纪 80 年代伊春市嘉荫县气象观测场

▲ 20 世纪 50 年代佳木斯市富锦县气象观测场

20 世纪 60 年代佳木斯市桦川县气象站

20 世纪 60 年代黑河市逊克县气象站

20 世纪 70 年代绥化市安达县气象站

20 世纪 70 年代牡丹江市海林县气象站

▼ 20 世纪 70 年代齐齐哈尔市拜泉县气象观测场

旧貌新颜

▲ 20 世纪 80 年代佳木斯市桦南县气象站

▲ 20 世纪 90 年代七台河市勃利县气象站

▼ 2000 年，佳木斯市桦南县气象观测场

▼ 2019 年，七台河市勃利县国家基本气象站

▲ 大兴安岭地区呼中区气象局旧貌　　　　　▲ 大兴安岭地区呼中区气象局新颜

▲ 20世纪50年代齐齐哈尔市克山县　　　　▲ 牡丹江市林口县气象局旧貌
气象站

▼ 20世纪90年代齐齐哈尔市克山县　　　　▼ 牡丹江市林口县气象局新颜
气象局

▲ 齐齐哈尔市讷河市气象局旧貌

▼ 齐齐哈尔市讷河市气象局新颜

▲ 伊春市五营区气象局旧貌

▼ 伊春市五营区气象局新颜

地市风貌

▲ 1992 年，鹤岗市气象站升格为鹤岗市气象局

▲ 1993 年，七台河市气象局举办落成剪彩典礼

▶ 龙凤山区域大气本底站

始建于 1989 年的龙凤山区域大气本底站，是继青海瓦里关大气本底站之后，中国建设的 6 个区域大气本底站之一，1991 年 10 月世界气象组织（WMO）将其纳入全球大气监测网（GAW）的业务观测体系。业务观测逐步由最初的酸雨、臭氧总量等 4 个观测项目，发展到包括温室气体、地面遥感、反应性气体、气溶胶等 7 个大类 40 多个观测项目。该站是监测中尺度本底污染浓度的国际合作站，2018 年成为中国气象局野外科学试验基地。

1. 龙凤山区域大气本底站全景

2. 龙凤山区域大气本底站山顶观测平台

3. 中国气象科学研究院研究生在实践基地现场

1	
2	3

▶ 科普馆

1	2
3	
4	5

1. 黑龙江省气象科普馆"3·23"世界气象日科普宣传活动

2. 黑龙江省气象科普馆 VR 展示

3. 世界气象日,在哈尔滨气象科普馆专注研究龙卷的学生

4. 鹤岗日报小记者体验鹤岗气象科普馆

5. 佳木斯气象卫星地面站开展"航天创造美好生活"中国航天日科普宣传活动

▶ 主题科普活动

◀ 2010 年 5 月 12 日，黑龙江省副省长孙永波（右一）在防灾减灾日视察气象科普展台

◀ 2015 年 7 月，第 34 届全国青少年气象夏令营在哈尔滨市开营

◀ 2018 年，全国气象科技下乡活动在哈尔滨市五常市启动

▶ 世界气象日主题活动

	1
2	3
	4

1. 世界气象日台站开放，学生来到黑龙江省气象台参观

2. 世界气象日活动中，小观众与气象机器人友好互动

3. 世界气象日台站开放，孩子们走进鹤岗气象观测场

4. 齐齐哈尔市气象局预警中心向小学生赠送避险手册

▲ 世界气象日，黑龙江省气象局举办亲子气象模型拼装大赛

▲ 世界气象日，鹤岗市气象局举办小学生手抄报比赛

▲ 世界气象日，黑龙江省气象局举办气象小达人大赛

▲ 世界气象日，哈尔滨市五常市实验小学学生手绘太阳地球与天气长卷

▲ 2018 年 3 月 23 日，大庆市参加世界气象日科普宣传的孩子

▲ 2018 年 3 月 23 日，哈尔滨市拼装气象仪器模型的小朋友

▲ 2018 年 3 月 23 日，齐齐哈尔市小学生认真阅读避险手册

▲ 2019 年 3 月 23 日，绥化市北林区气象局展示气象宣传图片

依法履职篇

　　依法治国为国家方略，依法发展气象事业一直是黑龙江气象事业可持续发展的命脉，为此黑龙江省先后出台了 7 部地方法规，其中 4 部为全国首创。另外，黑龙江省气象局还管理着全国规模最大的行业台站，对 200 个农垦、森工等气象台站（哨）进行业务指导，并参与到黑龙江省农垦、森工机制体制改革之中。

依法行政

▶ 立法行政

1996 年 1 月 11 日颁布实施的《哈尔滨市人工防雹管理条例》、2012 年 8 月 1 日施行的《黑龙江省气候资源探测和保护条例》、2015 年 3 月 1 日施行的《龙凤山区域大气本底站气象设施和气象探测环境保护条例》、2018 年 1 月 1 日实施的《黑龙江省气象信息服务管理条例》分别是全国首部人工影响天气、气候资源、大气本底站、气象信息方面的地方法规，填补了相关领域的空白。

▲ 2017 年 10 月 13 日，黑龙江省人大常委会全票通过《黑龙江省气象信息服务管理条例》　　▲ 2017 年 10 月 13 日，黑龙江省人大常委会气象立法新闻发布会

▶ 2002 年，哈尔滨市人大常委会主任孟广遂
（右一）到基层开展人工影响天气立法调研

▶ 2014 年 8 月 21 日，鹤岗市气象局组织干部
职工进行法律知识考试

▶ 2018 年，七台河市领导把关行政审批流程

▶ 2018 年 8 月 31 日，齐齐哈尔市气象局举办
"宪法伴我行"主题演讲比赛

▶ 执法行政

		1	
	2		3
	4		5

1. 2002 年 4 月 21 日，齐齐哈尔市气象局依法查处涉外违法气象观测设施

2. 2012 年，黑龙江省气象局依法规范氢气球施放市场秩序

3. 2015 年，黑龙江省气象局联合安监局对中国航油进行防雷安全检查

4. 2016 年，哈尔滨市气象局对鞭炮库进行防雷安全检查

5. 2017 年，伊春市气象局对华能热电厂开展双随机执法检查

行业管理

```
  1
──────────
  2  │  3
──────────
  4  │  5
```

1. 农垦九三管理局多普勒天气雷达

2. 2014 年 6 月 16 日，伊春市乌伊岭区开展汛期山洪灾害自动气象站巡检

3. 农垦牡丹江分局气象台标准化观测场

4. 黑龙江省生态气象中心人员陪同贵州省同仁调研农垦森工行业气象台站

5. 黑龙江省生态气象中心人员到汤旺河森林气象站开展行业检查指导

改革发展篇

　　气象的科技型、公益性决定了气象双重管理与双重计划财务体制，在发展中黑龙江省气象事业实现了现代气象业务体系的同步发展，在服务地方的过程中形成了独具龙江特色的科技支撑与服务保障体系，人才优先与依法发展并举，用激励机制确保职工安心扎根边疆、奉献青春。实践证明，黑龙江"立足省情、把握机遇、积极探索、适度创新"的发展之路行之有效。

深化改革

黑龙江省人民政府文件

黑政发〔2014〕31号

黑龙江省人民政府关于
加快推进气象现代化建设的意见

各市（地）、县（市）人民政府（行署），省政府各直属单位：

为全面落实国务院关于加快气象事业发展的要求和部署，加快推进我省气象现代化建设，充分发挥气象在应对气候变化、防灾减灾、服务民生的重要作用，进一步提升气象对全省经济社会发展的保障能力和水平，现提出如下意见：

一、总体要求

（一）指导思想。深入贯彻党的十八大和十八届二中、三中、四中全会精神，坚持公共气象发展方向，坚持面向需求、服

— 1 —

黑龙江省人民政府文件

黑政规〔2017〕14号

黑龙江省人民政府关于
优化建设工程防雷许可的通知

各市（地）、县（市）人民政府（行署），省政府各有关直属单位：

为贯彻落实《国务院关于优化建设工程防雷许可的决定》（国发〔2016〕39号）和国务院防雷行政审批中介服务改革有关精神，优化防雷行政许可，明确各级政府及相关部门责任，减轻企业负担，切实加强防雷安全监管，现将有关事项通知如下：

一、调整建设工程防雷许可和监管责任

（一）将气象部门承担的房屋建筑工程和市政基础设施工程

— 1 —

▲ 黑龙江省人民政府关于加快推进气象现代化建设的意见文件

▲ 黑龙江省气象局在政府指导下积极推进防雷体制改革

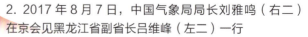

1 | 2 | 3

1. 2011年6月，黑龙江省气象局局长杨卫东（左二）向常务副省长杜家毫（右一）汇报工作并得到有力支持

2. 2017年8月7日，中国气象局局长刘雅鸣（右二）在京会见黑龙江省副省长吕维峰（左二）一行

3. 2019年4月，黑龙江省副省长王永康（右二）到省气象台调研气象现代化建设

完善机制

▶ 2013 年 6 月 15 日，鹤岗市气象部门县级参公管理竞争性岗位面试现场

▶ 2015 年 1 月 17 日，黑龙江省县级编外聘任人员录用考试现场

▲ 2015 年 6 月 16 日，黑龙江省气象局公开招聘气象影视节目主持人

▲ 2018 年 6 月，黑龙江省综合观测业务改革培训

科学管理

▲ 黑龙江省气象局明确年度重点工作任务

▲ 2013 年 10 月 23 日，黑龙江省气象局开展消防
知识培训

▲ 2015 年 2 月 6 日，七台河市气象局开展办公
管理培训

▶ 2015 年 8 月 24 日，黑龙江省气象局开展保密知识培训

▶ 2015 年 10 月 15 日，大庆市、县两级气象业务人员远程培训考试

▶ 2016 年 7 月 22 日，哈尔滨市气象台开展岗位练兵培训

▶ 2019 年 7 月 27 日，黑龙江省气象部门召开财政保障情况座谈会

人才培养

▲ 2017 年 11 月 15 日，黑龙江省气象局与南京信息工程大学签署合作协议

▲ 2018 年 12 月，黑龙江省气象局召开气象学会第十一届会员代表大会

▲ 2011 年 9 月 27 日，第三届黑龙江省气象行业天气预报技能竞赛颁奖现场

▲ 2016 年 8 月 24 日，黑龙江省气象局开展气象行业职业技能竞赛

▲ 黑龙江省气象培训中心开展综合气象业务竞赛

▲ 2019 年，黑龙江省第七届天气预报技能竞赛颁奖现场

1	
3	2

1. 2014 年，中国科学院院士秦大河（左六）为获得第八届全国十佳青年气象科技工作者的张雪梅（左三）等颁奖

2. 全国首席预报员袁美英（正研二级）奋战在预报一线

3. 黑龙江省气象台朝气篷勃的预报员们

舆论宣传

▲ 2014 年 8 月，"绿镜头·发现中国"采访组走进寒地水稻之乡五常

▲ 2018 年，《与老天爷会商》微电影在富锦市开机

▲ 2019 年 7 月 23 日，中国气象报社、中国气象局气象宣传与科普中心和中央主流媒体共同开展的中国气象局"壮丽 70 年 奋斗新时代"走基层看气象大型主题采访走进黑龙江省